CO2-Fußabdruck als repräsentativer Indikator für ökologische Nachhaltigkeit

Lisa Stahlschmitt

Bibliografische Information der Deutschen Nationalbibliothek:

Die Deutsche Nationalbibliothek verzeichnet diese Publikation in der Deutschen Nationalbibliografie; detaillierte bibliografische Daten sind im Internet über http://dnb.d-nb.de abrufbar.

ISBN: 9783346522009
Dieses Buch ist auch als E-Book erhältlich.

Nymphenburger Straße 86
80636 München

Druck und Bindung: Books on Demand GmbH, Norderstedt Germany
Gedruckt auf säurefreiem Papier aus verantwortungsvollen Quellen

Lebenswissenschaftliche Fakultät

Albrecht Daniel Thaer-Institut für Agrar- und Gartenbauwissenschaften

Projektarbeit

im Modul: Bewertung landwirtschaftlicher Nutzungssysteme

M. Sc. Prozess- und Qualitätsmanagement in Landwirtschaft und Gartenbau

CO_2-Fußabdruck als repräsentativer Indikator für ökologische Nachhaltigkeit

Carbon footprint as a representative indicator of ecological sustainability

vorgelegt von

Stahlschmitt, Lisa

Berlin, 14.07.2021

Inhaltsverzeichnis

Abbildungsverzeichnis

Tabellenverzeichnis

Verzeichnis der Symbole und Abkürzungen

THGE	Treibhausgasemissionen
THG	Treibhausgas(e)
PCF	Product Carbon Footprint
LCA	Life Cycle Assessment
ifeu	Institut für Energie- und Umweltforschung Heidelberg
LM	Lebensmittel
CO_2-eq	CO_2-Äquivalente
kcal	Kilo[gramm]kalorie

1 Einführung

Eine der größten Herausforderungen des 21. Jahrhunderts für die Menschheit ist der voranschreitende Klimawandel und die damit verbundene Umweltproblematik, die sich in extremen Wetterphänomenen, wie Dürren und Starkregen, drohender Ressourcenknappheit, ungerechter Ressourcenverteilung sowie weiteren äußert. Nachdem die Bundesregierung im Zuge des historischen Urteils des Bundesverfassungsgerichtes am 29. April 2021 für mehr Generationengerechtigkeit bezüglich des Klimawandels in die Pflicht genommen wurde, wurde das Klimaschutzgesetz verschärft und darin das Ziel der Treibhausgasneutralität bis 2045 verankert [1]. Der Hauptfokus liegt hierbei auf der stufenweise Reduktion der Treibhausgasemissionen (THGE) in die Atmosphäre. Auch sind in den letzten Jahren die Umweltauswirkungen der Agrar- und Ernährungswirtschaft verstärkt ins Zentrum des öffentlichen Interesses gerückt und zum 01. Januar diesen Jahres wurde eine CO_2-Bepreisung auf fossile Brennsstoffe eingeführt [2]. Besonders der CO_2-Fußabdruck und die Diskussion um ein CO_2-Label auf Lebensmitteln gerät immer wieder in den medialen Diskurs.

Einige Unternehmen, darunter der Hafermilchhersteller Oatly! und der Tiefkühlwarenproduzent Frosta weisen den CO_2-Fußabdruck ihrer Produkte mit einem Label aus (s. Anhang A). Dies mag zunächst als Marketing zur Schaffung eines Wettbewerbsvorteils fungieren, zeigt aber deutlich eine aktuelle Entwicklung, denn Ernährung und Landwirtschaft verursachen zwischen 15 und 20 % der THGE einer Privatperson (FRITSCHE & EBERLE 2007, S. 4). Besonders tierische Produkte gelangen aufgrund ihres zum Teil immens hohen CO_2-Fußabdrucks häufig in den öffentlichen Fokus. Berechnungen des CO_2-Fußabdrucks sind ein weit verbreitetes Messinstrument für Klimawandelauswirkungen und der Hauptfokus vieler Nachhaltigkeitsmaßnahmen, sowohl in der Politik (s. Klimaschutzgesetz Deutschland) als auch in Unternehmen.

Teilweise ist allerdings eine deutliche Diskrepanz zwischen den vorhandenen Daten zu CO_2-Fußabdrücken von Lebensmitteln zu beobachten, die auf unterschiedliche Berechnungsmethoden und Systemgrenzen zurückzuführen sein könnte. Ebenfalls sollte hinsichtlich weiterer, wichtiger Umweltauswirkungen des Agrar- und Lebensmittelsektors erwogen werden, inwiefern der CO_2-Fußabdruck die ökologische Nachhaltigkeit eines Erzeugnisses, Produkts oder einer Dienstleistung repräsentiert. Der Fokus auf Treibhausgase (THG) scheint die Verknappung von Ressourcen, insbesondere Wasser, Flächen und Rohphosphat, aber auch deren Verschmutzung und Degradierung, sowie weitere ökologische Probleme unberücksichtigt zu lassen. Die Folge kann eine Problemverschiebung darstellen, „when reductions in CFP [Product Carbon Footprint] are obtained at the expense of increase in other environmental impacts“ (LAURENT ET AL. 2012, S. 4100).

Es stellt sich die Frage, ob der CO_2-Fußabdruck dennoch ein Schritt in die richtige Richtung zu mehr Nachhaltigkeit und Bewusstsein bei der Produktion und dem Konsum von Lebensmitteln sein kann oder tatsächlich nur einen Teil der Umweltproblematik widerspiegelt und die Systemgrenzen zu eng sind bzw. andere essentielle Aspekte von Nachhaltigkeit unbedacht bleiben. Ist ein Wandel zu einem nachhaltigeren Wirtschafts- und Agrarsystem ausschließlich im Hinblick auf die THGE möglich? Eine Analyse vorhandener Studien sowie der Versuch einer Definition von ökologischer Nachhaltigkeit scheint dabei ebenso elementar, wie der Blick auf die Chancen und Grenzen des CO_2-Fußabdrucks als Indikator für ökologische Nachhaltigkeit.

2 Zielstellung

Im Zuge der aktuellen Entwicklungen - wie die Verschärfung des Klimaschutzgesetzes nach einem Urteil des Bundesverfassungsgerichts und die Einführung eines CO2-Preises zum Anfang diesen Jahres 2021 - aber auch öffentliche Diskurse und Unternehmensinitiativen zur Anwendung eines CO2-Labels auf Lebensmitteln, rückt der CO2-Fußabdruck zur Repräsentation der ökologischen Nachhaltigkeit eines Produkts immer mehr in den Fokus von Politik und Wirtschaft. Aufgrund großer Differenzen in Studien zur Berechnung der Product Carbon Footprints (PCF) von Lebensmitteln und Kritik an der Einseitigkeit dieser Kennzahl, ist eine breite Analyse notwendig, um Grenzen und Chancen dieser Kennzahl darzustellen. Der Zweck dieser Arbeit ist demnach die Untersuchung, inwiefern der CO2-Fußabdruck die breite Palette an ökologischen Wirkungen abbildet und somit einen Beitrag zu mehr Nachhaltigkeit im Agrar- und Ernährungssektor und zum Wandel des Wirtschaftssystems mit Fokus auf mehr Nachhaltigkeit leistet, sodass Generationengerechtigkeit, Klimaschutz, reduzierte Umweltauswirkungen und bewussterer Konsum die Folge sind.

3 Material und Methoden

Der Product Carbon Footprint (PCF), im Deutschen CO_2-Fußabdruck, bilanziert systematisch die Treibhausgasemissionen entlang des gesamten Lebensweges eines Produktes (HOTTENROTH 2013, S. 9). Im Fall eines Lebensmittels umfasst dieser zumeist die folgenden Stufen: die landwirtschaftliche Produktion inklusive aller vorgelagerten Prozesse wie Rohstoffproduktion, Düngemittel- und Pflanzenschutzmittelproduktion, die Lebensmittelverarbeitung, die Lagerung, die Verpackung sowie deren Entsorgung und die Distribution (REINHARDT ET AL. 2020, S. 5). Bei der Berechnung des PCF werden alle sechs im Kyoto-Protokoll vom Weltklimarat IPCC (Intergovernmental Panel on Climate Change) erfassten Gase mit definiertem Koeffizient für das Global Warming Potential einbezogen (PCF-PILOTPROJEKT 2009, S. 4). Diese Treibhausgase sind neben Kohlenstoffdioxid (CO_2) auch Methan (CH_4), Distickstoffmonoxid (Lachgas, N_2O), Schwefelhexafluorid (SF_6), teilhalogenierte Fluorkohlenwasserstoffe (H-FKW, engl. HFC) und perfluorierte Kohlenwasserstoffe (FKW, engl. PFC). Diese Methode und deren ermittelter Wert werden bereits breit genutzt, um Klimawandeleffekte zu verdeutlichen und sind außerdem der Fokus vieler nachhaltigkeitsbezogenen Maßnahmen in Politik und Unternehmen.

Um zu konkretisieren, inwiefern der PCF ein repräsentativer Indikator für ökologische Nachhaltigkeit darstellt, werden mehrere Studien ausgewertet, die unterschiedliche Faktoren, die über die gesamte Wertschöpfungskette von Lebensmitteln im Agrarsektor beeinflusst werden, in Beziehung zum CO_2-Fußabdruck setzen. Die vorliegende Arbeit nimmt die Form einer Review bzw. Analyse bereits existierender Studien, die Life Cycle Assessments durchgeführt oder mehrere Impact Kategorien von Lebensmitteln, inklusive dem Product Carbon Footprint, untersucht haben, an. Dabei sollen außerdem Unterschiede sowohl bei den gewählten Vorgehensweisen, bei den Systemgrenzen und letztendlich bei den konkreten Werten und Ergebnissen verdeutlicht werden.

Um einen möglichst differenzierten Eindruck zu erlangen, wie verschiedene Impact Kategorien im Zuge der Lebensmittel-Wertschöpfungskette beeinflusst werden und inwiefern diese gegebenenfalls durch den PCF abgebildet werden oder mit diesem korrelieren, wurden verschiedene Studien mit jeweils unterschiedlichen Schwerpunkten, Zielen, Systemgrenzen und

Zeitpunkten der Erfassung ausgewählt. Für eine möglichst aussagekräftige Bewertung der Verwendung des PCF als Indikator für ökologische Nachhaltigkeit wurden folgende Studien betrachtet: Die erste Studie aus dem Jahr 2007 des Instituts für angewandte Ökologie Darmstadt, durchgeführt von FRITSCHE UND EBERLE, hat Lebensweganalysen verschiedener Nahrungsmittel untersucht und sich dabei vor allem auf den Vergleich der Bereitstellung dieser Produkte aus ökologischem und konventionellem Anbau fokussiert. Die hierbei verwendeten Daten beruhen auf Studien des Öko-Instituts, die von mehreren Institutionen unterstützt wurden (darunter das Bundesministerium für Umwelt, Naturschutz und Reaktorsicherheit (BMU) und das Umweltbundesamt (UBA)). In die Bilanzen wurden Verarbeitung und Kühlung der Nahrungsmittel sowie Transporte einbezogen, sofern diese relevante Prozessschritte darstellen (FRITSCHE & EBERLE 2007, S. 5). Eine weitere im Jahr 2020 durchgeführte Studie des Instituts für Energie und Umweltforschung Heidelberg (ifeu) hat besonders den Einfluss unterschiedlicher Lebensmittel-Bereitstellungsprozesse auf die Umweltauswirkungen, einschließlich einer Betrachtung von Teilaspekten wie Verpackung, Transport, usw. thematisiert und dabei etwa 200 Lebensmittel betrachtet. Außerdem wurden weitere bedeutende ökologische Fußabdrücke (Phosphat-, Flächen- und Wasser-Fußabdruck sowie Energiebedarf), die ebenfalls mit der Lebensmittelproduktion verbunden sein können, exemplarisch ermittelt (REINHARDT ET AL 2020, S. 20). Zuletzt wurde eine im Jahr 2012 durch LAURENT ET AL. im Namen der Technical University Denmark (DTU) verfasste Studie analysiert. Diese sehr detailliert und breit angelegte Untersuchung modellierte und analysierte die Lebenszykluswirkungen von über 4.000 verschiedenen Produkten, Technologien und Dienstleistungen aus unterschiedlichen Sektoren. Durch die Untersuchung anhand statistischer Korrelationsanalysen zwischen dem PCF und 13 weiteren Umweltwirkungs-Indikatoren, wird gezeigt, ob und inwiefern der CO_2-Fußabdruck stellvertretend für weitere ökologische Effekte betrachtet werden kann.

Zur vollständigen Erfassung der Klimawirksamkeit von Produkten, in dieser Arbeit Produkte der Agrarwirtschaft, dient der Lebensweganz. Dieser hat besonders in der Methode der Ökobilanz Verwendung gefunden. Diese im Englischen als Life Cycle Assessment (LCA) bezeichnete Methode dient der Erfassung und Beurteilung der potentiellen Umweltwirkungen während des Produktlebensweges oder innerhalb eines Produktsystems (HOTTENROTH 2013, S. 8). Dabei ist die Bilanzierung der THG hinsichtlich ihrer Klimawirkung nur einer von vielen Umweltaspekten im Zuge der Ökobilanz. Weiterhin können auch Emissionen in Gewässer und Boden, neben den sechs beim *carbon footprinting* erfassten THGE sowie Wirkungen auf Wasser (Eutrophierung, Versauerung) und Ressourcen und viele weitere Aspekte Teil einer LCA sein. Durch ISO-Normen ist die Methode international standardisiert.

Der hier vordergründig hinsichtlich des Einflusses von Produkten auf das Klima als mitunter wichtigste Umweltwirkung analysierte PCF ist ein Teilaspekt einer LCA. Er bezieht sich immer auf ein Produkt oder eine Dienstleistung, auch als funktionelle Einheit bezeichnet, und betrachtet den gesamten Lebensweg dieser. Allgemein reflektiert die funktionelle Einheit die Menge und / oder Art und Weise wie ein Produkt vom Endkonsumenten oder auch Unternehmenskunden angewendet wird und welcher Nutzen damit verbunden ist. Die Bestimmung der funktionellen Einheit ist ein zentraler Schritt in der Ökobilanzierung bzw. bei der Berechnung des PCF und ist die Basis und eine Notwendigkeit, wenn Produktvergleiche angestrebt werden. Neben der Festlegung der funktionellen Einheit sind für die Aussagekräftigkeit und Vergleichbarkeit des PCF auch die Definition der Systemgrenzen notwendig (HOTTENROTH 2013, S. 79). Systemgrenzen definieren in diesem Kontext den Anwendungsbereich des PCF, ergo die Prozesse, die in die Betrachtung und Bilanzierung einbezogen werden.

Zunächst soll noch kurz auf den bereits erwähnten Begriff des Lebensweges eines Produktes eingegangen werden. Dafür gibt es hauptsächlich zwei Betrachtungsweisen, die sich im Einbezug der verschiedenen Lebenswegphasen unterscheiden und dementsprechend die Systemgrenze definieren: cradle-to-grave und cradle-to-gate. Erstere umfasst dabei die Klimawirkung eines Produkts „von der Wiege zur Bahre", ergo vom Zeitpunkt der Gewinnung der Rohstoffe bis zur Entsorgung des Produktes. Im Gegensatz dazu bezieht cradle-to-gate nur die Analyse der Umweltwirkungen „von der Wiege bis zum Tor" mit in die Betrachtung ein. Die Bilanzierung der THGE erfolgt demnach nur bis zu dem Punkt, an dem das Produkt das Unternehmen verlässt, d. h. Nutzung und Entsorgung werden vernachlässigt (HOTTENROTH 2013, S. 31). Diese Art der Analyse kann die Komplexität einer LCA deutlich reduzieren. Der Lebensweg eines Produktes ist eine Systemgrenze, die in Studien zur PCF-Bilanzierung definiert werden muss, wobei der PCF alle Treibhausgasemissionen und -entzüge im Sinne des cradle-to-grave bilanziert. Die Unterschiede werden in Abbildung 3.1 deutlich.

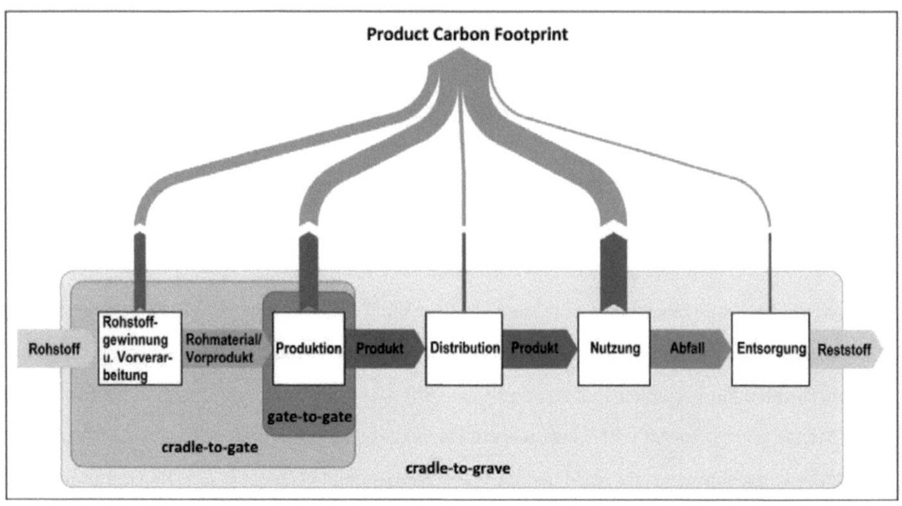

Abb. 3.1: Betrachtete Lebenswegphasen bei einer cradle-to-gate, gate-to-gate- und einer cradle-to-grave-Bilanzierung (nach HOTTENROTH 2013, S. 30)

In der vorliegenden Arbeit werden bereits berechnete Werte und statistische Korrelationsanalysen der analysierten Studien zur Beurteilung und Beantwortung der Fragestellung verwendet. Es werden keine eigenen Berechnungen oder statistische Analysen ausgeführt. Auch kann in keinem Fall von Vollständigkeit und Allgemeingültigkeit dieser Arbeit ausgegangen werden. Sie dient lediglich der Analyse und dem Vergleich bereits durchgeführter Studien zur Beurteilung der Anwendbarkeit - der Chancen und Grenzen des PCF - bezüglich der Repräsentation von ökologischer Nachhaltigkeit. Der Fokus liegt neben den THG auf der Betrachtung der Impact-Kategorien Wasser, Phosphat und Land bzw. Fläche. In einer Studie wurden zusätzlich Humantoxizität, Versauerung, Ressourcenverknappung und weitere Umweltwirkungs-Indikatoren untersucht, jedoch kann im Rahmen dieser Arbeit darauf nicht näher eingegangen werden. Dennoch sind auch diese elementare Indikatoren, deren Wirkung nicht vernachlässigt werden sollte und die in der Studie von LAURENT ET AL. (2012) genauer untersucht wurden.

Schlussendlich ist es von großer Bedeutung ökologische Nachhaltigkeit zu definieren, um eine Beantwortung der Fragestellung zu ermöglichen. Ökologische Nachhaltigkeit als eine der drei Säulen von Nachhaltigkeit - neben der sozialen und ökonomischen Dimension - zielt auf den Schutz der Natur, eine Schonung der Umwelt inklusive der natürlichen Ressourcen ab. Sie umfasst die Aufrechterhaltung des Nutzens der Natur für den Menschen und die Reduktion der negativen Konsequenzen der Umweltverschmutzung für den Menschen (HOHN 2016, S. 105). Für Unternehmen und Politik bedeutet dies der Einsatz für einen bewussten Umgang mit Wasser, Energie, endlichen Rohstoffen, Ressourcenschutz und -effizienz.

Bei der Auswertung der oben beschriebenen Studien, werden zunächst die in diesen ermittelten Product Carbon Footprints hinsichtlich ihrer funktionellen Einheit, ihrer Systemgrenze und Nutzungsphase untersucht, um dann Gemeinsamkeiten sowie Unterschiede herauszuarbeiten. Weiterhin werden die beiden Studien, die neben dem CO_2-Fußabdruck auch weitere Indikatoren für Umweltwirkungen bzw. Life Cycle Assessments und statistische Korrelationsanalysen durchgeführt haben, ausgewertet, verglichen und in die Betrachtung einbezogen. Diese Vorgehensweise dient der Beantwortung der Fragestellung, welche Grenzen und Chancen der PCF aufweist und seine Eignung zur Abbildung weiterer ökologischer Wirkungen im Zuge der Lebensmittelsbereitstellung.

4 Ergebnisse

Werden zunächst die in unterschiedlichen Studien ermittelten Ergebnisse von Product Carbon Footprints verschiedener Lebensmittel und Produktkategorien miteinander verglichen, lassen sich deutliche Diskrepanzen feststellen. In einer Studie des Instituts für Energie- und Umweltforschung Heidelberg (ifeu) haben REINHARDT ET AL. (2020, S. 4) etwa 200 Lebensmittel untersucht und verschiedene Teilaspekte näher betrachtet. Eine ähnliche Studie wurde über ein Jahrzehnt vorher durch das Institut für angewandte Ökologie (Öko-Institut Darmstadt) durchgeführt (FRITSCHE & EBERLE 2007). In dieser wurden Verarbeitung und Kühlung der Nahrungsmittel sowie Transporte in die Bilanzen einbezogen (ebd. S. 6). In beiden Studien wurden die CO_2-Äquivalente (CO_2-eq) sowohl für die konventionelle als auch die ökologische Anbauweise von Agrarprodukten berechnet.

Bei FRITSCHE UND EBERLE (2007, S. 5) lässt sich direkt in der Gegenüberstellung der beiden Anbauweisen bei allen betrachteten Nahrungsmitteln über alle Produktkategorien hinweg feststellen, dass Produkte aus ökologischer Landwirtschaft besser abschneiden (s. Anhang A). Konventionell erzeugte sowie tiefgekühlte Produkte sind mit wesentlich höheren THGE verbunden (ebd.). Der Anteil der Einsparungen bezüglich der Anbauweise variiert zwischen 5 % bei Schweinefleisch und 15 % bei Rindfleisch (ebd. S. 6). Auch bei Gemüse stellten FRITSCHE UND EBERLE (2007, S. 7) Einsparungen in den Klimagasemissionen bei den ökologischen Erzeugnissen fest, die bei Gemüsekonserven und TK-Pommes Frites bei 5 % und bei frischen Kartoffeln und Tomaten bei bis zu 30 % liegen.

In der im Jahr 2020 von REINHARDT ET AL. (2020, S. 8) durchgeführten Studie wurden neben der Anbaumethode auch nicht-saisonale bzw. saisonale Produktion, Import bzw. Eigenproduktion, unterschiedliche Verpackungsformen sowie Tiefkühl- bzw. Frischware berücksichtigt. In der Kategorie Fleisch und alternative Proteinlieferanten verursacht Rindfleisch aus konventioneller Erzeugung 13,6 kg CO_2-eq pro kg Lebensmittel, ökologisch erzeugtes Rindfleisch fast ein Drittel mehr (21,7 kg CO_2-eq / kg Lebensmittel) (REINHARDT ET AL. 2020, S. 13 f.). Auch bei Milchprodukten, Gemüse, Obst und Nudeln schneiden die Produkte aus ökologischer Landwirtschaft schlechter ab (ebd. S. 8 ff.). Einzig bei Rüben- und Rohrzucker lassen sich Einsparungen gegenüber der konventionellen Variante feststellen (REINHARDT ET AL. 2020, S. 16).

In beiden Studien wird deutlich, dass Tiefkühlware verglichen mit Frischware grundsätzlich einen wesentlichen höheren Product Carbon Footprint aufweist. Dies betrifft sowohl Fleisch- als auch Fisch- und Gemüseprodukte. Auch schneiden in beiden Studien Gemüse und Obst allgemein besser ab als tierische Produkte, wobei die aus Milch erzeugten Produkte Butter, Käse und Sahne jeweils eine deutlich höhere Klimarelevanz aufweisen als reine Milch und Joghurt.

Interessant sind nun die sehr großen Unterschiede beim Vergleich von ökologisch und konventionell erzeugten Produkten, aber auch beim Vergleich der einzelnen Werte des gleichen Produkts zwischen beiden Studien. Die von FRITSCHE UND EBERLE (2007, S. 12) durchgeführte Studie kommt zum Schluss, dass die ökologische Landwirtschaft bei allen betrachteten Produkten und Produktkategorien Vorteile bei den THGE zeigt. Die Einsparungen variieren je nach Produkt und sind bei Rindfleisch und frischen Kartoffeln bzw. Tomaten prozentual am größten. Bei der breit angelegten Studie des ifeu Heidelberg (REINHARDT ET AL. 2020) lassen sich hingegen bei den meisten ökologischen Lebensmitteln höhere Werte der CO_2-eq. pro kg Lebensmittel beobachten. Dies zeigt sich besonders bei tierischen Produkten wie Butter, wo der CO_2-Fußabdruck bei 9,0 kg CO_2-eq pro kg Lebensmittel bei konventionell erzeugter Butter liegt, bei Bio-Butter jedoch bei 11,5 kg CO_2-eq pro kg Lebensmittel (ebd. S. 11). Ähnliche Diskrepanzen betreffen auch Käse, Milch, Quark, Sahne, Schweine- und insbesondere auch Rindfleisch (ebd. S. 11 ff.). Bei Gemüse und Obst ist der PCF in etwa gleich hoch oder die Unterschiede zwischen konventioneller und ökologischer Anbauweise sind nur marginal (ebd. S. 8 ff.).

Bei der vergleichenden Betrachtung einzelner Werte jeweils für das gleiche Produkt in beiden Studien sind zum Teil große Diskrepanzen vorhanden. Die 2007 durchgeführte Studie des Instituts für angewandte Ökologie Darmstadt hat für Butter einen PCF von 23,8 bzw. für Bio-Butter einen PCF von 22 kg CO_2-eq pro kg Lebensmittel ermittelt, wohingegen die Studie des ifeu aus dem Jahr 2020 einen Wert für Butter von 9,0 bzw. 11,5 kg CO_2-eq pro kg Lebensmittel errechnet hat (FRITSCHE UND EBERLE 2007, S. 5 & REINHARDT ET AL. 2020, S. 11). Beim

Vergleich der Werte für Rindfleisch sind die Diskrepanzen ähnlich drastisch, der ermittelte PCF des ifeu liegt bei 13,6 bzw. 21,7 (Bio) kg CO_2-eq pro kg Lebensmittel, der CO_2-Fußabdruck des Öko-Instituts bei 14,3 bzw. 12, 4 kg CO_2-eq pro kg Lebensmittel (FRITSCHE UND EBERLE 2007, S. 5 & REINHARDT ET AL. 2020, S. 13). Bei Obst, Gemüse sowie Brot- und Teigwaren fallen die Unterschiede geringer aus.

Zur Beurteilung, inwiefern der Product Carbon Footprint ein Indikator für ökologische Nachhaltigkeit ist und aufgrund von Korrelationen stellvertretend für weitere Umweltwirkungen betrachtet werden kann, haben LAURENT ET AL. (2012) eine Studie über die Korrelationen zwischen dem PCF und 13 weiteren Impact Kategorien durchgeführt. Auch die von REINHARDT ET AL. (2020) durchgeführte Studie hat neben dem CO_2- auch den Phosphat-, Flächen- und Wasser-Fußabdruck sowie den Energiebedarf berechnet, sodass die unterschiedlichen Werte für ein und dasselbe Produkt verglichen und in Beziehung gesetzt werden können.

LAURENT ET AL. (2012, S. 4102 f.) stellen bei Betrachtung der Grundgesamtheit im Zuge des Spearman'schen Rangkorrelationskoeffizienten-Test eine generell gute Korrelation zwischen dem PCF und allen anderen Indikatoren für Umweltauswirkungen fest (s. Abb. 4.1). Unterteilt man diese jedoch in spezifische Produktkategorien, sind signifikante Unabhängigkeiten zu erkennen (ebd.). Die Autoren konstatieren, dass sofern (und auch nur wenn) alle Wirkungen des Produktlebenszyklus von einem oder wenigen Schlüsselprozessen stammen, der PCF als akzeptabler Indikator diene (ebd. S. 4103). Einer dieser Schlüsselprozesse ist die Verbrennung fossiler Brennstoffe. Bei der Betrachtung von Unterkategorien oder auf Produktebene zeigen viele Produktkategorien allerdings eine schwache Korrelation zwischen dem PCF und einem oder mehreren weiteren Indikatoren (ebd. S. 4104). LAURENT ET AL. (2012, S. 4105) weisen in diesem Zusammenhang darauf hin, dass „An environmental analyst, comparing two products A or B having the same CFP score, would therefore be unable to distinguish which of the two options is the best with regard to other impact categories such as freshwater ecotoxicity or human toxicity." Diese Tatsache kann risikobehaftet sein, wenn die Entscheidung allein auf Basis des PCF erfolgt und im schlimmsten Fall - entgegen der Annahme - die am wenigsten umweltfreundliche Lösung gewählt wird (ebd.)

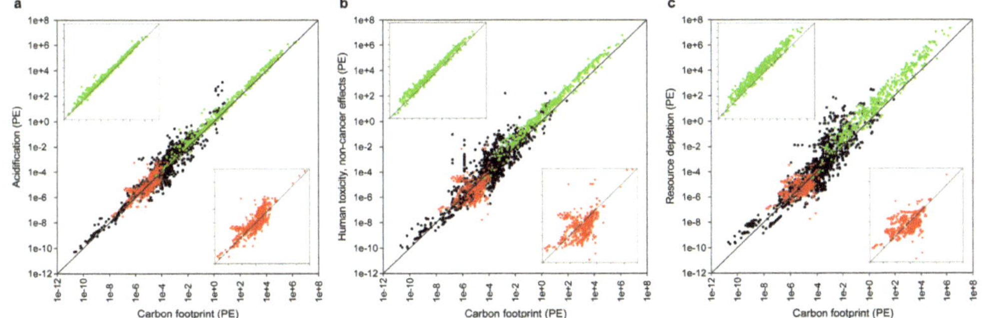

Abb. 4.1: Zwischen dem PCF und einer Auswahl an Umweltwirkungs-Indikatoren beobachtete Korrelationen (nach LAURENT ET AL. 2012, S. 4103)

In der Gegenüberstellung der verschiedenen Fußabdrücke bzw. dem Energiebedarf in der Studie des ifeu kann beispielhaft für einige Produkte gezeigt werden, ob eine Korrelation zwischen dem PCF und weiteren Impact Kategorien besteht (s. Tab. 4.1).

Tab. 4.1: Gegenüberstellung verschiedener Umweltwirkungen für unterschiedliche Lebensmittel (LM) (verändert nach REINHARDT ET AL. 2020, S. 19)

Lebensmittel	CO_2-Fußabdruck [kg CO2-eq / kg LM]	Phosphat-Fußabdruck [g Phosphatgestein-eq / kg LM]	Flächen-Fußabdruck [m^2 · a Naturflächenbelegung / kg LM]	Wasser-Fußabdruck [L Wasser- eq / kg LM]	Energiebedarf [kWh Primärenergie-eq / kg LM]
Orange	0,3	2	0,1	15.000	1
Tomaten, frisch	0,8	2	0,1	1.000	1,5
Zucker	0,7 - 1,0	20	0,5	90	2
Reis	3,1	30	0,7	60.000	3
Sonnenblumenöl, Glaseinwegflasche	3,2	200	1	7.000	5
Olivenöl, Glaseinwegflasche	3,2	300	3	900.000	10
Quark, 40 % Fett	3,3	30	0,8	3.000	6
Rapsöl, Glaseinwegflasche	3,3	150	2	800	5
Rindfleisch	13,6	70	7	20.000	8

Raps-, Oliven- und Sonnenblumenöl sowie Quark und Reis liegen hinsichtlich des PCF ganz nah beieinander (3,1 - 3,3 kg CO_2 pro kg LM), weisen allerdings große Differenzen im Hinblick auf Phosphat- und besonders Wasserfußabdruck auf. Auch bei Betrachtung der eingesetzten Energie und der benötigten Fläche unterscheiden sich die genannten Lebensmittel. Orangen haben im Vergleich zu den anderen betrachteten Produkten die geringsten THGE (0,3 kg CO_2 pro kg LM), ihr Wasser-Fußabdruck ist jedoch mitunter einer der höchsten (15.000 l Wasser pro kg LM). Rindfleisch hat von allen Lebensmitteln die höchsten Emissionen an klimawirksamen THG und auch der Wasser- und Flächen-Fußabdruck ist vergleichsweise hoch, hinsichtlich des Phosphat-Fußabdruck ist die Korrelation jedoch nicht sehr eng.

Anhand dieses beispielhaften Einblicks in unterschiedliche Fußabdrücke verschiedener Lebensmittel, lässt sich auf keine generelle Korrelation zwischen dem PCF und anderen Umweltwirkungen schließen. Teilweise korrelieren die Werte miteinander, sodass ausgehend von einem geringen CO_2-Fußabdruck auch auf einen vergleichsweise geringen Flächen-, Wasser- und Phosphat-Fußabdruck und umgekehrt geschlossen werden kann. Dies betrifft jedoch lediglich einige wenige Produkte (z. B. Tomaten, Zucker, Quark) und kann nicht verallgemeinert werden. Besonders bei tierischen Produkten ist kaum bis keine signifikante Korrelation zwischen den untersuchten Umweltwirkungen erkennbar.

5 Diskussion

Der Vergleich der Studien des ifeu Heidelberg aus dem Jahr 2020 und des Öko-Instituts Darmstadt aus dem Jahr 2007 macht wie zu erwarten grundsätzlich deutlich, dass Tiefkühlware gegenüber Frischware einen schlechteren CO_2-Fußabdruck aufweist. Dies liegt hauptsächlich an der benötigten Energie für die Kühlung der Produkte. Auch verursachen tierische Produkte, allen voran Fleisch, gefolgt von den Milcherzeugnissen mit hohem Fettanteil, mehr THGE als pflanzliche Produkte. Diese Tatsache ist bereits allgemein anerkannt und vor allem darauf zurückzuführen, dass bei der Umwandlung von pflanzlichen Produkten in tierische Produkte Energie verloren geht. Durchschnittlich werden für 1 Kalorie (kcal) in Form tierischer Lebensmittel 7 kcal (Rindfleisch 16 kcal, Geflügelfleisch 3 kcal) in Form von Futtermitteln benötigt.

Das ifeu hat neben der Unterscheidung nach der Anbauweise (ökologisch und konventionell) auch den Einfluss weiterer Bereitstellungsprozesse, darunter die Art der Verpackung, Transporte (Import bzw. Eigenproduktion) sowie saisonale bzw. nicht-saisonale Produktion, untersucht (REINHARDT ET AL. 2020, S. 8). All diese Faktoren haben einen mehr oder weniger bedeutenden Einfluss auf das Endergebnis der berechneten THGE über den Lebensweg eines Produkts. Die in der Studie des Öko-Instituts erkennbare und durch die Autoren hervorgehobene Diskrepanz zwischen ökologisch und konventionell erzeugten Produkten, konnte bei REINHARDT ET AL. (2020) nicht verifiziert werden. Bio-Lebensmittel wiesen dort zumeist einen höheren CO_2-Fußabdruck auf als konventionelle. Die unterschiedlichen in die Berechnung einbezogenen Lebenswegphasen legen hierbei die Vermutung nahe, dass dies zu den differenzierten Ergebnissen führt. FRITSCHE UND EBERLE (2007, S. 5) haben Verarbeitung und Kühlung sowie Transporte der Nahrungsmittel - sofern diese relevante Prozessschritte darstellen - in die Bilanzierung einbezogen. Unklar ist, inwiefern vor- und nachgelagerte Prozesse in diesen Werten abgebildet werden. Bei REINHARDT ET AL. (2020, S. 5) ist die Systemgrenze deutlich definiert: Sie „umfasst die landwirtschaftliche Produktion inklusive aller vorgelagerten Prozesse wie z. B. Düngemittelproduktion, die Lebensmittelverarbeitung (u. a. Waschen, Sortieren und ggf. Konservieren), die Verpackung (inklusive Entsorgung derselben) sowie die Distribution der einzelnen Lebensmittel". Der unterschiedliche Bilanzierungsrahmen könnte eine Ursache für die Diskrepanz zwischen den Werten der beiden Studien darstellen. Auch werden in der Studie des ifeu jeweils anteilige THGE aufgrund von Landnutzungsänderungen berücksichtigt (REINHARDT ET AL. 2020, S. 21). Häufig werden im medialen Diskurs die folgenden Faktoren genannt, die zu Unterschieden im PCF der beiden Anbauweisen führen: Verzicht auf mineralische Düngung im Öko-Landbau, mehr Platzangebot für ökologisch gehaltene Tiere, geringerer Ertrag auf der gleichen Fläche im Vergleich zu konventioneller Erzeugung und weitere. Je nachdem welche Phasen des Lebensweges eines Produktes in die Bilanzierung einbezogen werden, unterscheiden sich die ermittelten Werte.

In den Fallstudien des PCF-PILOTPROJEKTS (2009, S. 13 ff.) werden weitere essentieller Faktoren genannt, die großen Einfluss auf den PCF haben - die Nutzungsphase der Produkte und die Art der Zubereitung. Produkte werden unterschiedlich und verschieden lange genutzt bzw. zubereitet. In Sensitivitätsrechnungen können auch ungünstige Annahmen unterstellt und diskutiert werden. Auch die Studie des ifeu macht deutlich, „dass es nicht einen einzigen CO_2-Fußabdruck eines Lebensmittels geben kann, sondern dass dieser von unterschiedlichen Randbedingungen abhängen kann“ (REINHARDT ET AL.2020, S. 4). Daraus lässt sich ableiten, dass - insbesondere wenn der PCF an Endverbraucher kommuniziert werden soll, entweder auf dem Produkt selbst, in sozialen Netzwerken oder auf der Webseite des Unternehmens - diese Spannbreite inklusive der Einflussfaktoren benannt werden sollte. Außerdem sollten Konsumenten dafür sensibilisiert werden, dass die ermittelten Product Carbon Footprints keine festen, endgültigen Werte sind und ihr Verbraucherverhalten ebenfalls Einfluss auf diese hat.

Bei der Auswertung des Vergleichs des PCF mit anderen Indikatoren, die eine Wirkung auf die Umwelt zeigen, wurden meist gewisse, aber oftmals keine engen bzw. signifikanten Korrelationen beobachtet. Wie vermutet sind die Wirkungen des gesamten Lebenszyklus eines Lebensmittels sehr global und lassen sich schwerlich auf seine Klimawirkung reduzieren. Häufig korreliert der Flächen-Fußabdruck einigermaßen gut mit dem CO_2-Fußabdruck. Dies lässt sich relativ gut auf die bereits oben erwähnte Tatsache zurückführen, dass bei der Umwandlung tierischer in pflanzliche Energie ein Großteil verloren geht. Es wird dementsprechend mehr Land zur Produktion einer Kalorie tierischer als für pflanzliche Lebensmittel benötigt. Sowohl beim Wasser- als auch beim Phosphat-Fußabdruck divergieren die Werte teilweise jedoch deutlich. Besonders stark ist dies bei Ölen, insbesondere bei Olivenöl, zu beobachten. Hier führen Reinhardt et al. (2020, S. 20) folgende Aspekte an, die eine Erklärung für nicht vorhandene Korrelationen darstellen kann:

> *„Die Umweltlasten der Olivenproduktion werden nahezu vollständig dem Olivenöl zugerechnet, da vielfach keine hochwertige Nutzung der Koppelprodukte, insbesondere der Pressrückstände, stattfindet. Bei Raps- und Sonnenblumenöl dagegen wird der Presskuchen als hochwertiges Futtermittel verwendet, welches damit einen Teil der Umweltlasten trägt. Beim hohen Wasser-Fußabdruck kommt darüber hinaus noch hinzu, dass Oliven in Ländern mit hoher Wasserknappheit angebaut werden."*

Laurent et al. (2012, S. 4101) stellen zwar über alle betrachteten Sektoren hinweg eine einigermaßen gute Korrelation der Werte im Vergleich zum PCF fest, weisen jedoch auf schwache Korrelationen zwischen dem PCF und einer oder mehreren weiteren Indikatoren hin, wenn statt der Sektoren Unterkategorien oder die Produktebene betrachtet wird. In ihrer Untersuchung traten die größten Abweichungen bei den Indikatoren Humantoxizität, Umwelttoxizität, Ressourcenübernutzung und Landnutzung auf (ebd.). Das bestätigt die These, dass es oftmals und vor allem grundsätzlich nicht möglich ist vom PCF auf weitere Umweltwirkungen eines Produkts zu schließen. Da die Autoren dieser Studie sich jedoch nicht rein auf den Agrarsektor fokussiert haben, sind genaue Aussagen über Korrelationen zwischen unterschiedlichen Indikatoren nicht mit Sicherheit möglich und sollten mit Vorsicht betrachtet werden.

Aus den Ergebnissen und den ausgewerteten Studien lässt sich grundsätzlich ableiten, dass der CO_2-Fußabdruck ökologische Nachhaltigkeit nur begrenzt gut repräsentiert. Der PCF bietet jedoch Chancen, da er zu Transparenz und zur Identifizierung von Reduktionspotentialen entlang der Wertschöpfungskette beitragen kann (vorausgesetzt die Werte werden dementsprechend interpretiert und kommuniziert). Dies kann einen positiven Einfluss auf den Stakeholderdialog sowie die Sensibilisierung für klimafreundlichen Konsum haben und zu Bewusstseinsbildung entlang der Wertschöpfungskette beitragen. Die Bilanzierung des PCF bietet somit Impulse für die (Weiter-)Entwicklung der eigenen Klimastrategie (des Unternehmens oder der Politik). Außerdem stellt der PCF als Teilaspekt der Ökobilanz eine gute Ausgangssituation für eine Standardisierung dar und kann ein Qualitätsmerkmal für das Produkt, aber insbesondere für das Unternehmen und den Konsument, der sich damit beschäftigt, repräsentieren. Voraussetzungen für die genannten Vorteile des PCF sind dabei Vergleichbarkeit, Transparenz und Glaubwürdigkeit.

Die Grenzen und die mangelnde Repräsentationsfähigkeit des PCF für ökologische Nachhaltigkeit überwiegen jedoch seine Vorteile. Grundsätzlich ist die Berechnung von CO_{2e}-Bilanzen hochkomplex, Datengrundlage und -güte nehmen großen Einfluss. Auch die Definition des Bilanzierungsrahmens (cradle-to-grave, cradle-to-gate, Umgang mit der Nutzungsphase) und die suggerierte Genauigkeit durch die aggregierte Gesamtzahl sind negativ zu bewerten. Bislang gibt es außerdem keine wissenschaftlich fundierten und international harmonisierten Auslegungsregeln und Konventionen, z. B. bezüglich der Systemgrenzen und der Allokation, wodurch eine Vielfalt der Ansätze zur Bilanzierung existiert.

Eine umfassende (ökologische) Nachhaltigkeitsbewertung von Produkten ist also allein auf Basis des PCF nicht möglich. „Eine alleinige Betrachtung der Treibhausgasemissionen kann zu einer verfälschten Interpretation der Umweltauswirkungen oder zur Ableitung und Empfehlung falscher Handlungsoptionen zur Optimierung der Umweltauswirkungen des Produktes führen", so die Autoren des PCF-PILOTPROJEKTS (2009, S. 16). Neben der Klimarelevanz von Produkten gibt es viele weitere Umweltwirkungen und auch soziale Aspekte, die keinen Eingang in den PCF finden. Beispielsweise wird der positiv zu bewertende Aspekt des Erhalts und der Förderung der Biodiversität oder tierwohlgerechtere Haltung des Ökologischen Landbaus nicht im CO_2-Fußabdruck abgebildet, sodass eine Kaufentscheidung gegen ökologisch erzeugte Produkte rein auf Basis des PCF nicht im Sinne einer nachhaltigen Konsumstrategie wäre. Ökologische Nachhaltigkeit umfasst sehr viele weitere Faktoren als die reine Klimawirkung der Produkte. Für eine umfassendere Nachhaltigkeitsbewertung stehen Bewertungstools wie Ökobilanzen, Ökoeffizienz- oder Nachhaltigkeitsanalysen sowie das Konzept des ökologischen Fußabdrucks zur Verfügung (s. MEINHOLD und SCHNAUSS). Zuletzt sollten noch soziale Aspekte wie Kinderarbeit, Entlohnung der Arbeiter, Arbeitsbedingungen usw., die ebenfalls keine Berücksichtigung im PCF finden, erwähnt werden. Diese Thematik wird aktuell im Sinne des Lieferkettengesetzes diskutiert und gehört zum Kontext von Nachhaltigkeit. Nur unter Berücksichtigung aller drei Säulen, kann von Nachhaltigkeit die Rede sein.

6 Schlussfolgerungen

Aus den in dieser Arbeit untersuchten Studien und den nicht signifikanten Korrelationen bzw. den zu beobachtenden Diskrepanzen zwischen dem Product Carbon Footprint und weiteren Kennzahlen für Umweltwirkungen von Lebensmitteln, stellt der CO_2-Fußabdruck keinen repräsentativen Indikator für ökologische Nachhaltigkeit dar. Ökologische Nachhaltigkeit beinhaltet neben den Treibhausgasemissionen sehr viele weitere Faktoren, die oftmals gar nicht bis marginal im PCF abgebildet werden. Für die Repräsentation weiterer Umweltwirkungen auf Boden, Gewässer und Land kann der Ökologische Fußabdruck oder eine umfassende Lebenszyklusanalyse eines Produkts hilfreich sein (s. MEINHOLD 2011 & SCHNAUSS 2009). Dennoch kann der Product Carbon Footprint eine Übergangslösung auf dem Weg zu mehr ökologischer Nachhaltigkeit im Sinne einer Sensibilisierung und Bewusstseinsbildung für die Klimawirkung eines Produktes, zur Weiterentwicklung der Klimaschutzstrategie und besonders zur Reduktion der Treibhausgasemissionen darstellen.

7 Zusammenfassung

Im Zuge dieser Untersuchung wurde thematisiert, inwiefern der Product Carbon Footprint einen repräsentativen Indikator für ökologische Nachhaltigkeit darstellt. Dazu wurden zunächst Bilanzierungen von Treibhausgasemissionen verglichen, um Unterschiede und das Endergebnis beeinflussende Faktoren herauszuarbeiten. Hier traten besonders Diskrepanzen zwischen den Studien bezüglich der Systemgrenzen, des Einbezugs unterschiedlicher Lebenswegphasen und der Anbauweise (ökologisch und konventionell) hervor. Außerdem wurden Studien, die den PCF mit weiteren Indikatoren für Umweltwirkungen in Beziehung gesetzt bzw. statistische Korrelationsanalysen durchgeführt haben, ausgewertet. Dabei wurde eine mangelnde Korrelation zwischen dem CO_2-Fußabdruck und dem Wasser, Phosphat- und Landfußabdruck festgestellt. Der Product Carbon Footprint ist aus den genannten Gründen nicht gut zur Repräsentation ökologischer Nachhaltigkeit geeignet. Er bildet viele essentielle Umwelt- und auch soziale Wirkungen nicht ab, sodass allein auf Basis des PCF keine aussagekräftige Bewertung der Nachhaltigkeit eines Produktes stattfinden kann. Die Bilanzierung der Treibhausgasemissionen und damit die Ermittlung der Klimawirkung eines Produkts kann nichtsdestotrotz ein erster Schritt in die richtige Richtung zu mehr Bewusstsein für die Klimarelevanz des Agrar- und Ernährungssektors und zur Entwicklung angepasster und angemessener Klimaschutzstrategien darstellen. Es sind jedoch weitere Studien spezifisch für den Agrarsektor notwendig. In diesen sollten die Korrelationen zwischen den Klimagasemissionen und weiteren durch die Nahrungsmittelproduktion beeinflussten Umweltfaktoren statistisch analysiert und ausgewertet werden. Nur dann sind aussagekräftige, transparente Aussagen hinsichtlich der ökologischen Nachhaltigkeit von Lebensmitteln möglich. Parallel ist eine internationale Standardisierung der Bilanzierung und gegebenenfalls eine Weiterentwicklung dieser und besonders die transparente, (für Konsumenten) nachvollziehbare Kommunikation der Ergebniswerte notwendig.

8 Literaturverzeichnis

FRITSCHE, U. R. & EBERLE, U. (2007): Treibhausgasemissionen durch Erzeugung und Verarbeitung von Lebensmitteln - Arbeitspapier. Darmstadt/Hamburg, Öko-Institut e.V. Online veröffentlicht unter: https://www.oeko.de/oekodoc/328/2007-011-de.pdf. Letzter Zugriff: 09.07.2021.

HOHN, T. (2016): Nachhaltigkeit. In: Frey, D. (Hrsg.): Psychologie der Werte. Berlin/Heidelberg: Springer-Verlag, S. 104 - 115. Online verfügbar unter: https://link.springer.com/content/pdf/10.1007%2F978-3-662-48014-4.pdf. Letzter Zugriff: 20.06.2021.

HOTTENROTH, H., JOA, B. & SCHMIDT, M. (2013): Carbon Footprints für Produkte - Handbuch für die betriebliche Praxis kleiner und mittlerer Unternehmen. INEC - Institut for Industrial Ecology Pforzheim. Online veröffentlicht unter: https://www.hs-pforzheim.de/fileadmin/user_upload/uploads_redakteur/Forschung/INEC/Dokumente/Hottenroth_et_al_Carbon_-Footprints_fuer_Produkte_web.pdf. Letzter Zugriff: 09.07.2021.

LAURENT, A., OLSEN, S. L. & HAUSCHILD, M. Z. (2012): Limitations of Carbon Footprint as Indicator of Environmental Sustainability. Environ. Sci. Technol. 2012, 46, 7, S. 4100–4108. Online veröffentlicht unter: https://pubs.acs.org/doi/pdf/10.1021/es204163f. Letzter Zugriff: 09.07.2021.

MEINHOLD, K. (2011): Der ökologische Fußabdruck - Ein ganzheitlicher Bewertungsansatz von Nachhaltigkeit. Ernährung im Fokus 11-01|11. Online veröffentlicht unter: https://plattform-footprint.de/wp-content/uploads/2015/04/eif_0111_oekologischer_fussabdruck.pdf. Letzter Zugriff: 09.07.2021.

PCF-PILOTPROJEKT DEUTSCHLAND (2009): Product Carbon Footprinting - Ein geeigneter Weg zu klimaverträglichen Produkten und deren Konsum? Erfahrungen, Erkenntnisse und Empfehlungen aus dem Product Carbon Footprint Pilotprojekt Deutschland. Berlin. Online veröffentlicht unter: https://www.oeko.de/oekodoc/883/2009-007-de.pdf. Letzter Zugriff: 09.07.2021.

REINHARDT, G., GÄRTNER S. & WAGNER, T. (2020): Ökologische Fußabdrücke von Lebensmitteln und Gerichten in Deutschland. Heidelberg, ifeu - Institut für Energie- und Umweltforschung Heidelberg. Online veröffentlicht unter: https://regional-klimaneutral.info/wp-content/uploads/2020/07/Ifeu-Studie-2020-ökol.-Fußabdrücke-Co2.pdf. Letzter Zugriff: 09.07.2021.

SCHNAUSS, M. (2009): Der ökologische Fußabdruck - Ein Beitrag zum Thema Nachhaltigkeit. Verbraucherzentrale Bundesverband e. V. (vzbv). Online veröffentlicht unter: http://ernaehrungsdenkwerkstatt.de/fileadmin/user_upload/EDWText/TextElemente/Verbraucher/Oekologischer_Fussabdruck_schnauss__10_2009_VZ.pdf. Letzter Zugriff: 09.07.2021.

Digitale Quellen

[1] BUNDESREGIERUNG (2021): Klimaschutzgesetz 2021 - Generationenvertrag für das Klima. Online verfügbar unter: https://www.bundesregierung.de/breg-de/themen/klimaschutz/klimaschutzgesetz-2021-1913672. Letzter Zugriff: 09.07.2021.

[2] BUNDESMINISTERIUM FÜR UMWELT, NATURSCHUTZ UND NUKLEARE SICHERHEIT (2020): Fragen und Antworten zur Einführung der CO_2-Bepreisung zum 01. Januar 2021. Online verfügbar unter: https://www.bmu.de/service/haeufige-fragen-faq/fragen-und-antworten-zur-einfuehrung-der-co2-bepreisung-zum-1-januar-2021/. Letzter Zugriff: 09.07.2021.

Anhang

Anhang A: Climate Footprint Oatly (https://www.oatly.com/fi/oatly-hiilidioksidiekvivalenteil-la)

Anmerkung der Redaktion: Die Abbildung wurde aus urheberrechtlichen Gründen entfernt.

Anhang B: Klimabilanz für Nahrungsmittel aus konventioneller und ökologischer Landwirtschaft beim Einkauf im Handel (nach FRITSCHE UND EBERLE 2007, S. 5)

	CO_2Äquivalente in g/kg	Produkt nach Anbauweise
Nahrungsmittel	konventionell	ökologisch
Geflügel	3.508	3.039
Geflügel-TK	4.538	1.069
Rind	13.311	11.374
Rind-TK	14.341	12.402
Schwein	3.252	3.039
Schwein-TK	4.282	1.069
Gemüse-frisch	153	130
Gemüse-Konserven	511	479
Gemüse-TK	415	378
Kartoffeln-frisch	199	138
Kartoffeln-trocken	3.776	3.354
Pommes-frites-TK	5.728	5.568
Tomaten-frisch	339	228
Brötchen, Weißbrot	661	553
Brot misch	768	653
Feinbackwaren	938	838

	CO_2Äquivalente in g/kg	Produkt nach Anbauweise
Nahrungsmittel	konventionell	ökologisch
Teigwaren	919	770
Butter	23.794	22.089
Joghurt	1.231	1.159
Käse	8.512	7.951
Milch	940	883
Quark, Frischkäse	1.929	1.804
Sahne	7.631	7.106
Eier	1.931	1.542